儿童生态道德教育

朱晓宇　王　兰／编著

家·在一起
环境友好的简约生活
亲子活动
室内篇

JIA · ZAIYIQI
Huanjing Youhao de Jianyue
Shenghuo Qinzi Huodong

中国环境出版集团·北京

图书在版编目（CIP）数据

家·在一起 ： 环境友好的简约生活亲子活动. 1，室内篇 / 朱晓宇，王兰编著. -- 北京 ： 中国环境出版集团，2020.8
ISBN 978-7-5111-4329-7

Ⅰ. ①家… Ⅱ. ①朱… ②王… Ⅲ. ①生态环境保护—儿童读物 Ⅳ. ①X171.4-49

中国版本图书馆CIP数据核字(2020)第059666号

出 版 人	武德凯
责任编辑	殷玉婷
责任校对	任 丽
装帧设计	宋 瑞

出版发行 **中国环境出版集团**
（100062 北京市东城区广渠门内大街16号）
网 址：http://www.cesp.com.cn
电子邮箱：bjgl@cesp.com.cn
联系电话：010-67112765（编辑管理部）
发行热线：010-67125803，010-67113405（传真）
印装质量热线：010-67113404

印 刷	北京中科印刷有限公司
经 销	各地新华书店
版 次	2020年8月第1版
印 次	2020年8月第1次印刷
开 本	787×960 1/16
印 张	4
字 数	30千字
定 价	50.00元（全2册）

中国环境出版集团郑重承诺：
中国环境出版集团合作的印刷单位、材料单位均具有中国环境标志产品认证；
中国环境出版集团所有图书"禁塑"。

儿童生态道德教育丛书
编委会

主　任：苑立新

编委会成员（按姓氏笔画排列）：

于和平　马淑艳　王　兰　王　喆　田明政　朱晓宇　刘宏文

刘晓红　李万峰　李立宏　李晓红　李善华　吴晓谦　汪　艳

汪富国　张燕华　尚宇杰　罗秋华　周晓丽　赵美荣　姜天赐

曹　虹　谭智莉　颜莹莹　戴锦高

编者的话

家是什么？家是父慈子孝的温馨，是儿孙绕膝的幸福，是同舟共济的依靠……家，更是代代传承，育儿有成的希冀。对儿童来说，在家中和家人在一起，是他们最主要的成长环境，家长育儿理念的优化和家庭生活方式的建构对教育儿童具有特别重要的价值和意义。

无论过去、现在还是将来，绝大多数人都生活在家庭之中。"环境友好"要从娃娃抓起；"简约生活"更应成为全家人的共识。《关于构建现代环境治理体系的指导意见》指出，要提高公民环保素养，推进环境保护宣传教育进学校、进家庭、进社区；要研发推广环境文化产品；要践行绿色生活方式，倡导绿色出行、绿色消费。健全环境治理全民行动体系建设，离不开每个家庭的参与。贯彻落实《居民生态环境与健康素养提升行动方案（2020—2022 年）》，重视少年儿童绿色健康生活方式的养成，推进传播普及知识、行为和技能的同时，引导他们牢固树立保护生态环境、维护健康的理念。

本书活动的主要对象是 6～8 岁的儿童及其家庭。这个阶段的儿童已经进入小学，这是他们社会化的重要开端。从这个阶段开始，儿童的思维能力有所发展，逻辑分析能力、空间认知能力、语言表达能力、想象力和常识储备不断增强，这些进步为他们开展观察、记录、讨论、思考和行动提供了可能。家庭是儿童最好的学习场所，在这个阶段通过亲子活动来建构绿色健康的生活方式，将会使孩子受益终身。环境友好的简约生活方式是人类可持续发展的重要基础，本书从这个角度切入，指导家长在家庭场景中开展有趣有益的活动；支持儿童和家长一起探究协作，提供多元的建议；引导亲子基于不同的家庭环境进行探究和思考。

本书分为上下两册，上册为"室内篇"，下册为"户外篇"。

本册分为三个部分，第一部分为"我的体验"，旨在依托家庭环境引导儿童建立与自然的初步连接，通过四个活动帮助儿童关注和了解动植物，认识到环境变化和人类生活的关系，培养与自然的情感；第二部分为"我的发现"，旨在鼓励儿童发现家中的环境相关要素，在日常生活中多记录、勤思考，帮助儿童建构环境友好的生活态度；第三部分为"我的行动"，旨在通过家庭生活中家务劳动和资源利用的探究，引导儿童理解、认同和践行简约生活理念。

本书的活动主题皆源自儿童的生活经验，贴近儿童与现实生活，易于家长掌握、儿童理解。生态环境相关话题和元素被置于家庭场景中，让环境保护变得具体而亲近，从而提升儿童和家长的参与意愿和体验，提高绿色生活方式倡导的有效性。开放的活动设计，支持儿童和家长根据自己的家庭生活状况进行调整和优化，激发儿童的兴趣和创造力；"拓展""成果"及互动模块等多元的互动呈现，让儿童和家长既是活动的策划者，又是活动的参与者，并提供与学校活动、社区活动衔接的可能性。

活动中充分采用观察、讨论和记录等形式，旨在促进亲子有效沟通的基础上，培养儿童的科学素养。"室内篇""户外篇"分册的设计，满足儿童和家庭的多元需求，丰富了传统环境教育的内涵和形式。

中国儿童中心于 2009 年面向全国发起"全国少年儿童生态道德教育项目"，关注"儿童与自然"的关系，以生态主题教育活动为载体，促进儿童全面健康发展，倡导可持续发展的生活价值。朱晓宇、王兰两位作者为该项目的执行负责人，其长期从事儿童生态道德教育活动实践与研究，本书也是该项目理念与方法在家庭中支持儿童、服务家长的一次探索。

得到精心培育的生命才会茁壮成长，让我们从日常家庭生活中与儿童的有趣活动开始，在家中和儿童一起享受成长的快乐，将他们培养成为有情趣、有情怀、有情谊的新时代建设者和接班人。

家·在一起

小朋友

姓名：

生日：

爱好：

性别：

城市：

环境友好宣言：

小朋友

姓名：

生日：

爱好：

性别：

城市：

环境友好宣言：

家·在一起

大朋友

性别：

姓名：

城市：

生日：

爱好：

环境友好宣言：

大朋友

性别：

姓名：

城市：

生日：

爱好：

环境友好宣言：

目　录

我的体验

猜猜我是谁

动物是人类的好朋友，它们和人类一起生活在地球上，共享各种自然资源。孩子们更是天然地喜爱各种动物，他们在讨论、模仿动物的过程中，不仅加深了对动物的尊重和了解，还逐渐建立起与动物和谐相处的生态观。

目标

引导儿童发现和捕捉动物的特点，从而激发儿童对动物的兴趣和喜爱。

工具

白纸、彩笔、手机（拍照用）。

时长

30分钟。

步骤

❶ 将白纸裁成若干纸片，20 个为宜。将纸片平均分给每一位参与者。

❷ 参与者在每一个纸片上写出或画出自己喜欢的动物，然后将纸片叠起来，不要让其他人看到里面的内容。

❸ 猜拳决定游戏顺序。第一个人抽取第二个人制作的纸片，看一看上面的内容，模仿纸片中要求扮演的这种动物，请第三个人猜一猜。如果第三个人猜对则积 1 分，第一个人（抽题者）和第二个人（出题者）不得分。如果第三个人猜错则不积分，第一个人（抽题者）和第二个人（出题者）各积 1 分。以此类推，第二个人抽取第三个人的纸片，请第一个人猜一猜。

❹ 待所有的题目都用完，记算一下积分，请排名第一的人分享成功经验。

❺ 活动难度可以调整，如是否允许发出声音、是否允许移动位置等，以适应儿童的需求、激发儿童的参与热情。

拓展

❶ 可根据儿童和家庭的兴趣爱好和知识储备设定主题，如古诗词里的动物、非洲草原上的动物、一片草地上的昆虫、大海里的鱼类等。

❷ 有针对性地阅读自然百科类图书或观看动物主题纪录片后再开展这个活动，更有助于儿童激发兴趣、增长知识。

我的动物图鉴

介绍：
_____
_____
_____
_____
_____

介绍：
_____
_____
_____
_____
_____

介绍：
_____
_____
_____
_____
_____

成果

❶ 动物小百科：将活动所用的纸片收集起来，贴在空白本子上；查阅资料，补充动物的相关信息，并做装饰美化。

❷ 家庭欢乐影集：活动过程中，将每个人的模仿都拍照记录下来；将照片汇总，做成美篇或影像日志，分享给亲朋好友。

纪念证书

_____:

你和你的家庭已完成"猜猜我是谁"亲子活动，获得"动物伙伴"徽章。环境友好，简约生活，关爱动物，一起行动！

动物伙伴

年　月　日

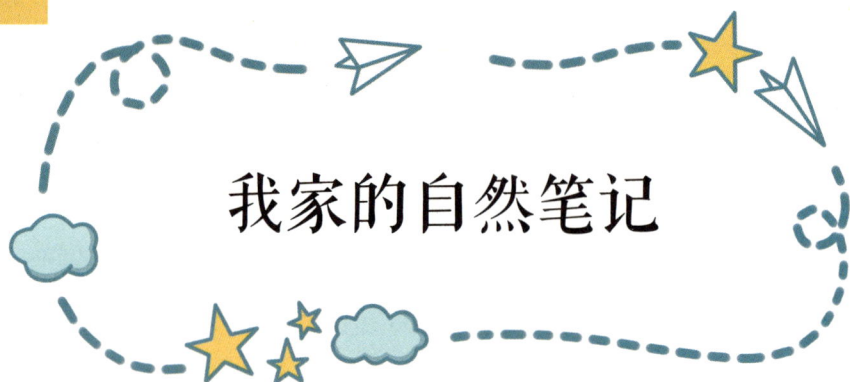

我家的自然笔记

自然笔记是一种绘画与文字相结合，规律地观察记录、认识、体会和感受自然的活动。与投入自然的怀抱相比，家庭自然笔记活动也有独特的优势：易于实施，不受天气、交通等客观条件限制；观察对象明确，观察可以更加聚焦和深入；活动时间更灵活。

目标

引导儿童关注和认识植物，养成良好的观察习惯。

工具

图画本、笔（如铅笔、签字笔、彩笔）、家养植物（或蔬菜、水果）、手机或电脑（必要时查阅资料用）。

时长

30 分钟 / 次，每场活动 3 次为宜。

步骤

❶ 儿童和家长一起找一找，家里有哪些植物？平时由谁来照顾它们？请主要照料者介绍一种植物。家中没有植物的家庭，可以选择常见的蔬菜或水果。

❷ 观察对象确定后，家长和儿童先看一看，从颜色、形状、大小、数量等方面描述观察对象并做记录。家长和儿童可以各做一份记录，增强互动性。

❸ 家长引导儿童从植物的局部开始观察，例如花、果实、叶子等，种子的数量、花瓣的形状，叶脉的走向、叶边缘的锯齿等都是很好的发现。同时，让儿童先从颜色、形状、大小、数量等较直观的方面逐项分析，再进行更细微的观察。家长和儿童边观察、边记录和绘画，并互相确认。

❹ 家长协助儿童在网上搜索资料，与观察记录对照一下，再进行调整和补充。

❺ 家长和儿童带着笔记，再次观察植物，继续完善笔记。

拓展

❶ 动手尝试也是很好的体验，如泡大蒜/萝卜/白菜、发豆芽等，这样可以随着植物的生长过程持续观察。

❷ 家长和儿童一起阅读植物科普书籍，积累植物学知识，有针对性地对植物进行观察，再将知识运用到观察和创作中。

我的植物图鉴

介绍:
_____
_____
_____
_____

介绍:
_____
_____
_____
_____
_____

介绍:
_____
_____
_____
_____
_____

成果

家庭植物绘本：根据不同的观察者、植物种类和观察角度，将笔记进行汇总和整理，如同一种植物的不同角度、不同植物的同一角度、不同观察者观察同一种植物、同一种植物的连续观察等，然后进行装订和装饰。

纪念证书

_____：

你和你的家庭已完成"我家的自然笔记"亲子活动，获得"植物伙伴"徽章。环境友好，简约生活，关爱植物，一起行动！

植物伙伴

年　月　日

03

故事大王

孩子们的世界离不开故事，故事的世界里也可以有自然，自然知识和童话世界都是童年不可或缺的内容。在活动的过程中，孩子们的成长随时会给您带来惊喜，说不定还有可能发现他们的新兴趣与天分呢！

目标

引导儿童认识和理解常见自然环境、自然现象和自然物，激发儿童对自然的兴趣和亲近自然的意识，培养儿童的想象力和语言表达能力。

工具

白纸（彩纸更好）、大白纸（或报纸）、小剪刀（或裁纸刀）、彩笔、胶棒（或胶水）、手机（拍照和查资料用）。

时长

30分钟以上。

步骤

❶ 全家围坐在桌前或地毯上，一起裁小纸条，准备30张左右备用。

❷ 取出6张小纸条，用彩笔分别写上"时间""地点""季节""天气""动物""植物"，把这些小纸条排列开放好，作为类别标记。

❸ 把剩下的小纸条平均分成6份，放在6张类别标记下。先由家长和儿童说一说每个类别下可以有哪些选项，并写在空白小纸条上。例如："时间"可以有早晨、傍晚、午夜、午饭后等，"天气"可以有大风、下雪、多云、雾霾等。将这些小纸条一张张叠好，堆放在类别标记下方。

❹ 猜拳决定游戏顺序。第一个人负责抽签，从每一类里抽取一个小纸条，将小纸条一一展开并念出上面的内容。第二个人负责记录，将这些小纸条贴在大白纸上（一列或一行都可以）。第三个人负责编故事，要利用这一组信息编一个故事，每一个纸条上的内容都要提到，不可以漏掉。

❺ 故事的编排尊重儿童的兴趣，可以侧重科普性，也可以侧重文学性、趣味性。侧重科普性的，可以让儿童适当查阅一些资料，通过补充资料使这些信息能够科学地关联在一起。侧重文学性的，可以让儿童通过天马行空的想象，呈现他们的奇幻世界。例如"早上""沙漠""刮风""秋天""杨树""袋鼠"，既可以是"一个秋天的早上，一场大风把家门口的杨树和澳洲的袋鼠都吹到了沙漠里"，也可以是"秋天的沙漠里经常刮风，此时我家门口的大杨树，叶子开始悄悄变色、变干枯，而澳洲的袋鼠们则迎来了春天"。

我的自然故事

贴上我的抽签结果

写下我的故事

_____

_____

_____

_____

画下故事场景

12

❻ 三个人轮流操作，直至剩下的纸条不足。最后，家长和儿童讨论并分享，最喜欢哪个故事？这个故事哪里最精彩？

拓展

❶ 一起制作更加精美、可循环使用的卡片，配上插图和文字。

❷ 增加更多类别如"食物""天敌"等，提升游戏难度。

全家都喜欢的故事，可以编排家庭剧一起表演。

成果

❶ 专属桌游：制作图文并茂的卡片或绘有小图标的骰子，制定更完善的游戏规则，研发"我家的专属桌游"。

❷ 自然故事集：将活动中创编的故事用视频、音频、文字形式记录下来，整理并汇总，制作《自然故事集》。

纪念证书

＿＿＿＿＿＿：

你和你的家庭已完成"故事大王"亲子活动，获得"奇思妙想"徽章。环境友好，简约生活，奇思妙想，一起行动！

奇思妙想

年　月　日

04

模拟度假

去海边，去森林，去滑雪，去爬山，度假是一件令大家开心的事儿。去不同的地方度假，需要准备不同的行李，带上不同的东西。目的地的自然环境，是制订度假计划、收拾行囊时最重要的信息，每一件必备的生活物品都包含自然与人类生活的关系，例如去盛夏的海边就要带上泳衣、防晒霜和遮阳帽。

目标

引导儿童掌握行李规划和收纳的一般方法，启发儿童认识人类生活和自然条件的关系，思考人类是如何适应自然环境并与自然和谐相处的。

工具

行李箱、纸笔、衣物、洗漱用品、日常用品、手机（拍照用）。

时长

60分钟。

步骤

❶ 家长和儿童聊一聊度假这个话题，说一说以前去过的地方和将要去的地方。准备一些小纸条，将大家喜欢的度假地点写在小纸条上，逐个叠好。

❷ 请儿童抽取一个纸条，作为模拟度假目的地。根据目的地的距离和旅行的人数，先选择适宜的行李箱。行程越远、人数越多、气候差异越大，则需要带的行李越多。可以用多个行李箱。

❸ 家长和儿童一起讨论，度假目的地有什么好玩的项目？天气和温度如何？地理环境如何？打算玩几天？这些信息决定了需要带哪些装备出行。例如去云南度假，因为是高原地区，所以需要带上防晒的物品；丽江和大理四季如春，所以冬天也需要带衬衫和薄外套；而玉龙雪山上气温较低，则需要带上轻薄羽绒服。

❹ 根据讨论和分析的结果，大家分头准备物品，最后汇总到客厅。然后请每个人说一说，为什么要带这些物品，哪些是必需品。遇到有争议的物品，可以进一步讨论。

❺ 打包行李，将这些物品放进准备好的旅行箱里。如果行李箱空间不足，尝试一下这几种解决办法：一是重新核对物品，筛除一些相对不重要的；二是重新折叠与摆放，改进收纳方式。

❻ 这次旅行是坐飞机、坐火车还是自驾游呢？根据目的地选择出行方式，可以参考网上的图片，给自己画一张登机牌、火车票或者高速过路费收据。

❼ 根据目的地的地域特色来装扮自己，并分享自己挑选的必需品有什么特殊用途。例如穿上泳衣、戴上太阳镜，介绍防晒霜的

我的度假备忘录

夏天去看海

特点：   必备：

特点：   必备：

特点：   必备：

特点：   必备：

冬天去玩雪

特点：   必备：

特点：   必备：

特点：   必备：

特点：   必备：

周末去爬山

特点：   必备：

特点：   必备：

特点：   必备：

特点：   必备：

16

用法；穿上滑雪服和雪地靴模仿滑雪动作；穿上长衣长裤拿着捕虫网假扮丛林探险等。

拓展

❶ 除自然环境外，还可以对目的地的人文、历史特色进行了解，这些因素也会影响度假的体验。要尊重当地的宗教信仰和风俗习惯。

❷ 有针对性地阅读自然百科类图书或观看动物主题纪录片后开展这个活动，更有助于激发儿童的兴趣、增长他们的知识。

成果

❶ 旅行备忘录：根据目的地的自然和人文特点，整理必备品清单和注意事项，以图画和文字的形式记录下来，形成度假旅行备忘录。

❷ 旅行日志：将旅行中和活动过程中的照片收集在一起，并写出自己的感受，形成旅行日志。

纪念证书

_____：

你和你的家庭已完成"模拟度假"亲子活动，获得"适应环境"徽章。环境友好，简约生活，和谐共处，一起行动！

适应环境

年　月　日

我的发现

05

荒岛求生

"我想吃冰淇淋！""我想要买积木！"孩子们经常会提出各种各样的需求，家长们也会尽其所能地去满足。然而，在极端条件下，吃冰淇淋、买玩具的需求就没那么容易实现了。人们会对需求进行平衡——重新排序、总体考量、有所取舍，关乎健康、安全、生存的那些根本需求，是必须首先要考虑和保证的。

目标

引导儿童认识和理解生存的条件与意义，感受各种需求的层次和顺序，初步建立合理平衡需求的意识。

工具

白纸、彩笔、小剪刀（或裁纸刀）、手机（拍照用）。

时长

30分钟。

步骤

❶ 将白纸裁成若干小纸片，小纸片的形状不限，保证每位参与者分到 5 张即可。

❷ 由一位家长担任主持人，介绍假设场景和主持游戏进行。如现在为了生存，人们将要逃往一个荒无人烟的小岛，必须马上收拾东西出发，每个人只能带 5 样东西。请把你要带的东西写在或者画在小纸片上。家长可以跟儿童进行讨论，但此时尽量不要分享彼此的选择。

❸ 每位参与者都写完后，可以把纸条展示出来。轮流说一说自己为什么要带这些东西，这些东西在荒岛上有什么用途。

主持人宣布："我们乘坐的船严重超载，有沉船的危险！每个人必须放弃一样东西，扔进海里去！"随后让参与者轮流做出选择并说明原因。

❹ 重复上面的环节，直到参与者手里只剩下一样东西。一起讨论一下，每个人手里的东西是否能维持生存？一个家庭汇集所有最后留下的物品，看看能达到怎么样的生活质量。

❺ 重新把每位参与者所有的纸片收集到一起，从家庭的角度，作出最终决定：选择哪 5 样物品作为荒岛求生的必需品。

拓展

❶ 在活动前后，家长和儿童一起观看荒野求生主题的纪录片，感受人与自然的真实互动。

荒岛求生必备物资清单

介绍：
_____
_____
_____
_____
_____

介绍：
_____
_____
_____
_____
_____

介绍：
_____
_____
_____
_____
_____

❷ 设定荒岛的环境特征，如地理位置、水源、气候、地形、植被等，这样可以增强游戏的难度和趣味性。

成果

❶ 求生物资清单：将活动用的纸片收集起来，贴在空白本子里，写上用途和理由，并做装饰美化。

❷ 家庭剧：活动中的讨论环节可以加入一些故事情节，并辅助一些肢体表演，再加以整理和完善，就是精彩的"荒岛求生"家庭剧。

纪念证书

_____ :

　　你和你的家庭已完成"荒岛求生"亲子活动，获得"平衡需求"徽章。环境友好，简约生活，平衡需求，一起行动！

平衡需求

年　月　日

06

购物袋小伙伴

去超市买了很多好吃的，怎么带回家？选好的土豆和胡萝卜，两只手拿不过来了！这时候购物袋就派上用场啦！无论是商家免费提供的，还是自己购买的，我们每次购物回来大多都会带回几个购物袋，慢慢地，家里的购物袋"只进不出"越攒越多，旧的没有再利用的同时，新的又源源不断而来。给购物袋分配新任务，让它们变得有用，是减少污染和浪费的好方法！

目标

引导儿童关注和发现生活中的环保细节，培养儿童物尽其用的意识和整理、分类、收纳的习惯。

工具

白纸、彩笔、家中积存的各种购物袋（如塑料袋、无纺布袋、帆布袋、纸袋等）、手机（拍照用）。

时长

60 分钟。

步骤

❶ 家长和儿童一起，将家中存留的各种购物袋收集到一起，并按照材质分类。

❷ 参与者一起分享，这些购物袋是哪里来的？当时留下它们的原因是什么？实际生活中有使用吗？

❸ 家长和儿童一起讨论每一类购物袋的材质、来源并分析用途。如普通塑料袋是在超市购物时花钱购买的，由塑料制成，容量大、不漏水，可以用来盛放垃圾。纸质购物袋是买衣服的时候赠送的，容易撕裂且不防水，只能盛放不太重的东西。无纺布袋是买玩具的时候送的，比较结实但不防水，可以用来收纳物品。

❹ 整理出购物袋的常见用途后，家长和儿童一起看一看购物袋的尺寸。尺寸也是决定购物袋用途的重要因素。

❺ 将购物袋分为垃圾袋、购物便携、收纳物品、创意手工、日常拎用、礼品包装等用途，将它们折叠、分装好并贴上标签。

❻ 儿童选出三个"购物便携"类的购物袋，分别装到爸爸妈妈和自己的背包里。和"购物袋小伙伴"形影不离，利用好每一只购物袋就是为生态环境保护做一份贡献！

购物袋小伙伴

绘图区

绘图区

材质:＿＿＿＿＿＿＿＿

尺寸:＿＿＿＿＿＿＿＿

颜色:＿＿＿＿＿＿＿＿

用途:＿＿＿＿＿＿＿＿

材质:＿＿＿＿＿＿＿＿

尺寸:＿＿＿＿＿＿＿＿

颜色:＿＿＿＿＿＿＿＿

用途:＿＿＿＿＿＿＿＿

拓展

❶ 购物时将物品尽量合并装在一起，以减少购物袋的使用；买菜时使用菜篮或小拉车。

❷ 对购物袋进行装饰和改造，让它们具有新的功能，如用纸袋制作收纳盒，用无纺布袋制作防尘罩等。

成果

❶ 购物袋小账本：在已有购物袋的基础上，收到 1 个购物袋减 1 分，循环购物袋 1 次得 1 分，每周计算一次分数并提出改进计划。

❷ 在线环保展览：给每个购物袋做一个标签，写出它的材质、尺寸、来源和用途，拍摄一张照片。按此步骤给家中所有的购物袋拍照，将所有照片汇总成电子日志并进行分享。

纪念证书

_____ :

你和你的家庭已完成"购物袋·小·伙伴"亲子活动，获得"物尽其用"徽章。环境友好，简约生活，物尽其用，一起行动！

物尽其用

年　月　日

07

劳动最光荣

穿过的衣服不会自动变干净，凌乱的房间也不会自动变规整，家庭环境的整洁有序需要每一位成员的付出和参与。家务劳动，是培养儿童劳动意识和能力的重要载体，更是塑造儿童良好品行的绝佳途径。热爱劳动、崇尚劳动，自理自立自律，分享奉献担当，让儿童从参与家务劳动做起吧！

目标

激发儿童热爱劳动、崇尚劳动的意识和情感，培养儿童的劳动态度和生活技能，引导儿童体会"奉献"和"分享"。

工具

白纸、彩笔、手机（拍照用）。

时长

1 天。

步骤

❶ 家长引导儿童，聊一聊"家务活儿"这个话题：今天晚饭是谁做的？晚上谁去丢垃圾？昨天的衣服洗了吗？地上的灰尘怎么去除？请儿童说一说他们知道的家务活儿有哪些？是否都会干。

❷ 家长和儿童约定，在一整天（第一个起床后，至最后一个人睡前）的时间里，家长和儿童协作，一起记录家里产生的家务活儿，包括时间、地点、内容和干活的人。

❸ 家长和儿童共同填写一份表格，家长可以让儿童参与到家务活儿当中，或者让他们在一旁观察、记录，多创造儿童参与的机会。

❹ 第二天，家长和儿童一起讨论记录表，看一看都有哪些家务活儿？谁做的家务最多？哪些是儿童力所能及的？

❺ 制作一份家务劳动分工表，将每个人员负责的家务活儿列出来，同时将全体家庭成员需要共同完成的家务活儿也列出来。全家人互相监督、推动这份分工表的执行。

拓展

❶ 按专题做细分，如照顾宠物、呵护绿植、一日三餐等，分析其中的劳动内容，一家人共同体会家庭成员的默默付出。

❷ 在家务劳动分工表的基础上，儿童帮助其他人劳动，或是主动完成新增劳动，家长应及时给予精神奖励，阶段性给予物质奖励。

家务活儿分工表

家务活儿	怎么做	谁负责	完成了吗

成果

❶ 家务活儿指南：给每一项家务活儿设计一个图标或配上一幅图画，再写上劳动步骤和心得，装订并装饰美化。

❷ 家务活儿排行榜：根据家务劳动分工表制作排行榜，记录每位家庭成员的分工、工作量和完成情况。定期进行评比，获胜者可以获得奖励，奖励由全家人共同确定。

纪 念 证 书

_____：

你和你的家庭已完成"劳动最光荣"亲子活动，获得"热爱劳动"徽章。环境友好，简约生活，热爱劳动，一起行动！

热爱劳动

　　　　年　　月　　日

08

食物大变身

民以食为天。对家长们来说，孩子处于身体快速生长的时期，让他们好好吃、吃得好，真是"天大的事"。做好的饭菜、切好的水果，"不要进厨房""不许开冰箱"……现代生活逐渐切断了孩子与食材、食材与自然的关联。了解"田间到餐桌"过程的孩子，长大后才可能安排好饮食、规划好生活、保护好环境。

目标

引导儿童认识食物的自然形态，感受食物与自然的关系，培养儿童均衡科学饮食的良好习惯。

工具

白纸、彩笔、食材（蔬菜、水果、肉类、粮食、调料、零食等）、手机（拍照用）。

时长

半天。

步骤

❶ 定菜单。家长和儿童一起打开冰箱，看一看各种食材，讨论规划一顿正餐的菜单，如黑椒牛柳、香菇油菜、西红柿炒鸡蛋、米饭。

❷ 选食材。将正餐菜品所需要的食材汇总在一起，请儿童认一认、分一分。例如，一大块牛肉，整棵的油菜，整个的西红柿、香菇，硬硬的米粒，容易打破的鸡蛋。请儿童说一说，没有加工过的食材和端上餐桌时有什么不同？这些变化是怎样发生的？请儿童将食材的样子画在纸上。

❸ 择、洗、切。家长邀请儿童帮厨，一起看一看食材是如何一步步变成大餐的。家长可以教儿童择菜、洗菜，让他们了解不同的蔬菜有不同的处理方法和注意事项。切菜是不适宜儿童体验的环节，儿童可以在一旁观察。不同的蔬菜被切成不同的形状，这里面有什么道理？牛柳是什么形状的？菜和肉的切法有什么不同？鸡蛋壳的里面是液体还是固体？米饭什么时候用蒸什么时候可以炒？请儿童将处理好的食材画下来，并与上一步进行比较。

❹ 炒菜啦！家长炒菜，儿童可以在较远一些的地方观看，感受火的温度、烟的味道和菜的香味，也可以暂离厨房，完善前两步的记录。待菜上桌之后，请儿童看看，菜经过炒制发生了哪些变化？请家长讲一讲产生这些变化的原因。想要吃到这样的美味，家长还添加了哪些调味品和配菜？请儿童将炒制好的菜画下来，也可以先拍照，饭后再完善记录。

我的拿手菜

菜名：

食材原料：

择、洗、切：

烹制：

食材原料：

34

拓展

❶ 进一步设定专题如五谷杂粮、土里的蔬菜、神奇的调料、蒸的力量等。

❷ 有针对性地观看美食类纪录片，特别是涉及食材和自然的，拓展儿童视野的同时培养环境友好、营养健康的饮食理念。

成果

❶ 我家私房菜谱：在已有记录的基础上，细化操作步骤、材料分量和所需时间，并做装饰美化。

❷ 我的拿手菜：每个家庭成员都要有自己的拿手菜，并将制作过程拍照或录制视频，做成电子日志，分享给亲朋好友。

纪念证书

_____:

你和你的家庭已完成"食物大变身"亲子活动，获得"营养健康"徽章。环境友好，简约生活，营养健康，一起行动！

营养健康

年　月　日

我的行动

09

消灭卫生死角

再干净整洁的房间，也会有被忽略的地方，我们称之为"卫生死角"。对待卫生死角，可不能有"眼不见心不烦"的想法。它们虽然不会直接暴露在我们面前，但容易囤积灰尘、滋生细菌，给家庭环境卫生和家人身体健康带来威胁。和孩子一起行动起来！好的卫生习惯需要从小培养、形成自觉、一生相随、代代传递。

目标

引导儿童发现并关注身边的环境细节，体验力所能及的行动，培养儿童的环境保护意识和劳动能力。

工具

白纸、彩笔、清洁工具（刷子、抹布、手套、清洁剂、钢丝球、旧牙刷等）、手机（拍照用）。

时长

60分钟。

步骤

❶ 家长和儿童一起讨论，每天家里谁负责打扫？请他/她介绍一下打扫的内容和方法，并向大家展示打扫的方法和效果。其他参与者向负责打扫的人表示感谢。

❷ 家长引导儿童根据每天的打扫情况，找一找家里的卫生死角。如妈妈每天扫地擦地，但是床底下和沙发底下一般不会打扫；爸爸负责刷碗，但经常忽略清洁水池和灶台；宝宝负责丢垃圾，但没有想到垃圾桶也会脏。再看一看阳台、玻璃窗、储物间等平时不会经常关注的区域，有多久没有清理过了呢？

❸ 家长和儿童将找到的卫生死角，一一列出来并做行动计划，包括消灭每个卫生死角所需要的时间、工具、人员、难易度。

❹ 卫生死角很"强大"，突击行动只是暂时的胜利，持续关注、日常维护、定期打扫才能彻底"消灭"它们。家长和儿童一起，制订维护计划。

❺ 家长和儿童一起行动，先消灭难度较低的卫生死角，如厨房水池、推拉门轨道、门口的脚垫等。请家长安排儿童做力所能及的工作，注意为儿童做好保护措施，如戴口罩手套、远离洗涤剂、注意高处落物等。

拓展

❶ 承包到人。每个家庭成员承包至少一个卫生死角的清洁和维护，培养儿童的卫生习惯和责任意识。

卫生死角档案

绘图区

它是谁：＿＿＿＿＿＿＿＿
在哪里：＿＿＿＿＿＿＿＿
有多脏：＿＿＿＿＿＿＿＿
工　具：＿＿＿＿＿＿＿＿
洗涤剂：＿＿＿＿＿＿＿＿
人　员：＿＿＿＿＿＿＿＿
妙　招：＿＿＿＿＿＿＿＿

绘图区

它是谁：＿＿＿＿＿＿＿＿
在哪里：＿＿＿＿＿＿＿＿
有多脏：＿＿＿＿＿＿＿＿
工　具：＿＿＿＿＿＿＿＿
洗涤剂：＿＿＿＿＿＿＿＿
人　员：＿＿＿＿＿＿＿＿
妙　招：＿＿＿＿＿＿＿＿

绘图区

它是谁：＿＿＿＿＿＿＿＿
在哪里：＿＿＿＿＿＿＿＿
有多脏：＿＿＿＿＿＿＿＿
工　具：＿＿＿＿＿＿＿＿
洗涤剂：＿＿＿＿＿＿＿＿
人　员：＿＿＿＿＿＿＿＿
妙　招：＿＿＿＿＿＿＿＿

❷ 家长和儿童一起观看关于家庭室内卫生、微生物世界的纪录片，拓展儿童的视野。

成果

❶ 卫生死角档案：在活动基础上整理和完善相关信息，补充消灭卫生死角的方法和妙招，分享给亲朋好友。

❷ 清洁英雄榜：全家一起参与计分赛，如发现卫生死角得 1分、清理卫生死角得 3 分、定期维护得 2 分，可以比较单项得分或总分。每周做一次总结，得分最高的，可以颁发儿童参与制作的小奖状。

纪　念　证　书

_____:

　　你和你的家庭已完成"消灭卫生死角"亲子活动，获得"环境整洁"徽章。环境友好，简约生活，环境整洁，一起行动!

环境整洁

年　　月　　日

10

纸上生活

纸不只是一种可以购买和消费的商品，更是一种宝贵且经常被忽略的资源。纸在人们的生活中无处不在，不良的用纸习惯一旦形成，往往在不知不觉中产生浪费。打破这种惯性，需要从身边的细节和小事做起，耐心观察和记录，反思自己的行为与环境的关系。

目标

引导儿童正确认识纸资源，建立节约、科学、合理用纸的意识并付诸行动。

工具

白纸、彩笔、手机（拍照用）。

时长

1 天。

步骤

❶ 家长和儿童一起画画或折纸，引出"纸"的话题，然后请儿童说一说，家里有哪些纸制品。家长和儿童一起查阅资料，看一看纸还有哪些特殊用途。

❷ 家长和儿童约定一个休息日，一起记录一天里全家的用纸情况。除常见的卫生纸、书写纸之外，还包括各类包装纸、手工纸、纸质玩具等。

❸ 活动从当日早上 8 点开始记录。家长和儿童要互相提醒并及时记录，遇到无法确认的物品可以一起上网查一查，是否属于纸制品、有什么特点。

❹ 当日晚上 8 点记录结束。家长和儿童一起回顾整理记录，分析一下哪种纸制品消耗最多？纸制品的主要用途是什么？谁消耗的纸制品最多？

❺ 家长和儿童一起搜索资料，分享不同纸制品的原料和制造过程，约定家庭节约用纸守则，如图画纸双面使用、纸箱回收利用、选择环保纸、用布制品代替纸制品等。

拓展

❶ 根据活动记录，家长和儿童看一看哪些纸制品是可以循环利用的？哪些是可以用其他制品替代的？哪些是可以省去不用的？

❷ 家长和儿童一起检索资料，了解普通纸、环保纸的生产过程和用途，看看哪些环保纸制品适合家庭使用。收集家中的海报、宣

一日纸上生活记录

纸制品名称	用途	数量	使用者
面巾纸	擦鼻涕	5张	宝宝
快递纸箱	装网购的东西	2个	妈妈

传单、门票等纸制品，发挥创意挖掘它们的新用途。

成果

❶ 剪贴画集：收集家中的宣传单、过期的报纸杂志、海报等纸制品，发挥自己的奇思妙想，利用剪下的图画拼贴添画成一个新故事。

❷ "百变的纸"在线展览：给家里的纸制品拍照，整理其用途、特点等信息，做成电子日志，推荐给亲朋好友。

纪念证书

_____：

　　你和你的家庭已完成"纸上生活"亲子活动，获得"节约用纸"徽章。环境友好，简约生活，节约用纸，一起行动！

节约用纸

年　月　日

11

"带电"的一天

电在生活中应用非常广泛，每个家庭中都有很多大大小小的电器。电看不见、摸不着，甚至我们感觉不到正在使用它。正是因为用电不容易被察觉到，所以我们常常会有不经意的浪费行为产生。这位神秘而亲密的小伙伴如影随形，帮助我们，我们也要友善地对待它，要节约用电、合理用电。

目标

引导儿童科学认识电能源，建立保护、节约、合理利用能源的意识并付诸行动。

工具

白纸、彩笔、手机（拍照用）。

时长

1天。

步骤

❶ 家长和儿童通过操作家用电器如开关电视机等，引出"电"的话题。

❷ 家用电器给我们的生活带来了便利，家长和儿童一起找找这些好帮手吧。逐个房间寻找电器并做记录，记录的信息包括电器的名称、型号、功率、能源标识、用途等。活动过程中，家长应对儿童进行安全教育，防止儿童随便按动电器开关按钮或触碰电源插座。

❸ 家长和儿童约定一个休息日，记录一整天内家里的电器使用情况。

❹ 活动从当日早上起床开始。家长和儿童要互相提醒并及时记录，注意避免为了记录而产生不必要的用电行为。

❺ 当日晚上 8 点记录结束。家长和儿童一起回顾整理记录，分析一下哪个电器使用时间最长？用过的电器中哪个耗电最多？哪些电器没有用到？是否有不必要的用电情况？最后，一起来设想一下：如果一整天不用电，生活会变成什么样？

❻ 家长和儿童一起查阅资料，学习节约用电的小妙招，并制订一份节约用电改善计划。

拓展

❶ 家长带领儿童看一看家中的电表，讲一讲购电的方法。

❷ 家长和儿童一起观看发电、节电主题的纪录片，引导儿童更加全面地认识电能源。

家用电器使用建议

绘图区

它 是 谁：＿＿＿＿＿＿

它在哪里：＿＿＿＿＿＿

它的用途：＿＿＿＿＿＿

它的功率：＿＿＿＿＿＿

它常用吗：＿＿＿＿＿＿

妙招提示：＿＿＿＿＿＿

绘图区

它 是 谁：＿＿＿＿＿＿

它在哪里：＿＿＿＿＿＿

它的用途：＿＿＿＿＿＿

它的功率：＿＿＿＿＿＿

它常用吗：＿＿＿＿＿＿

妙招提示：＿＿＿＿＿＿

绘图区

它 是 谁：＿＿＿＿＿＿

它在哪里：＿＿＿＿＿＿

它的用途：＿＿＿＿＿＿

它的功率：＿＿＿＿＿＿

它常用吗：＿＿＿＿＿＿

妙招提示：＿＿＿＿＿＿

成果

❶ 家用电器使用建议：在活动记录的基础上进行补充和完善，在便利生活和节约能源的前提下，给出家用电器的使用建议。

❷ 共享电器：号召亲朋好友一起，将家中不常用的家用电器整理出来并将信息互相分享，以共享代替购买，减少闲置。

纪 念 证 书

_____：

  你和你的家庭已完成"'带电'的一天"亲子活动，获得"节约用电"徽章。环境友好，简约生活，节约用电，一起行动！

节约用电

年　月　日

12

洁净的世界

洗手、洗澡、洗菜、洗衣服，"洗"让我们的生活变得洁净而舒适。人们还发明了各式各样的洗涤用品，帮助人们把生活中的物品洗得更彻底、更干净。在"洗"的过程中，水带走了污物同时也带走了洗涤剂，我们在体验高效清洁的同时，却增加了污水处理的负担。真正的洁净，不会以环境污染为代价，而是在注重保持、维护的基础上合理利用资源。

目标

引导儿童了解人类生活对环境的影响，初步建立自觉自律为环境"减负"的意识并付诸行动。

工具

白纸、彩笔、手机（拍照用）。

时长

60分钟。

步骤

❶ 家长和儿童一起洗手，或者洗毛巾和小件衣物。第一遍清洗时不使用洗涤用品，第二遍使用洗涤用品，请儿童分享两次清洁过程的不同感受，并注意引导儿童关注洗涤用品的使用和水的消耗。

❷ 家长和儿童一起，在家里找一找各类洗涤用品。厨房常见的有洗涤灵、油烟净、五洁粉等；卫生间常见的有洁厕灵、瓷砖净、玻璃水、牙膏、洗面奶、洗发水、沐浴露、香皂、洗手液等；其他还有洗衣液、衣物柔顺剂、地板净、衣领净、内衣洗涤剂、羽绒服洗涤用品等。家长协助儿童将这些洗涤用品记录下来。家长应告知儿童，不同的洗涤用品不要混用，否则容易产生化学反应，可能会造成危险。

❸ 家长提问"洗涤用品都去哪儿了？""洗涤用品洗干净了衣服，随着水流走了，那谁能将水里的洗涤用品再洗干净？"引导儿童意识到水带着洗涤剂和污物一起流走，洗涤剂越多越复杂，污水处理的负担就越重。请儿童说一说，如何才能给水"减负"？一是合理减少洗涤用品的使用，如洗澡时适量使用沐浴露，尽量不弄脏衣服可以减少洗涤用品的使用，内衣可以用成分更简单的肥皂来洗；二是选购更加绿色环保的洗涤用品，降低环境污染风险。

❹ 充分讨论后，家长和儿童一起看一看家里的洗涤用品有哪些可以不用，从环境友好的角度制订一份洗涤用品采购或使用计划。

拓展

❶ 家长和儿童一起收集洗涤用品的介绍或标签，看一看它们的

我家的洗涤用品

洗涤用品：＿＿＿＿＿＿＿＿＿＿＿＿＿＿＿＿＿＿＿＿＿＿

功能用途：＿＿＿＿＿＿＿＿＿＿＿＿＿＿＿＿＿＿＿＿＿＿

使 用 量：＿＿＿＿＿＿＿＿＿＿＿＿＿＿＿＿＿＿＿＿＿＿

清洁效果：＿＿＿＿＿＿＿＿＿＿＿＿＿＿＿＿＿＿＿＿＿＿

洗涤用品：＿＿＿＿＿＿＿＿＿＿＿＿＿＿＿＿＿＿＿＿＿＿

功能用途：＿＿＿＿＿＿＿＿＿＿＿＿＿＿＿＿＿＿＿＿＿＿

使 用 量：＿＿＿＿＿＿＿＿＿＿＿＿＿＿＿＿＿＿＿＿＿＿

清洁效果：＿＿＿＿＿＿＿＿＿＿＿＿＿＿＿＿＿＿＿＿＿＿

洗涤用品：＿＿＿＿＿＿＿＿＿＿＿＿＿＿＿＿＿＿＿＿＿＿

功能用途：＿＿＿＿＿＿＿＿＿＿＿＿＿＿＿＿＿＿＿＿＿＿

使 用 量：＿＿＿＿＿＿＿＿＿＿＿＿＿＿＿＿＿＿＿＿＿＿

清洁效果：＿＿＿＿＿＿＿＿＿＿＿＿＿＿＿＿＿＿＿＿＿＿

主要成分并做比较。

❷ 家长和儿童一起登录电商平台，看一看家庭清洁品类中都有哪些产品，哪些是家里没有的？家长是否考虑过购买这些产品？分析一下这些产品都是必需的吗？

成果

❶ 洗涤用品推荐榜：在活动的基础上，家长协助儿童获取更多相关信息，做一个洗涤用品排行榜，可以向亲友宣传推荐更加环境友好的产品。

❷ 独家广告：家长引导儿童体验各种洗涤产品的使用方法，并带领儿童学习相关的家务活儿，请儿童说一说哪种洗涤剂最好用并进行推荐，拍摄成小视频。

纪念证书

_____：

你和你的家庭已完成"洁净的世界"亲子活动，获得"节水护水"徽章。环境友好，简约生活，节水护水，一起行动！

节水护水

年　月　日

后 记

　　书稿全部发出去的时候，我不是松了一口气，而是内心充满忐忑。

　　是的，我们有着十年儿童生态道德教育实践和研究的经验积累，并且全国校内外的同路人也数不清有多少。但是，我们依然忐忑。曾经读到朱永新先生的一篇文章《教育的力量首先是让人成为人》，文中谈到"教育首先是让人幸福，帮助人获得幸福的能力，帮助人真正拥有内心的宁静，而不只是为了考高分、找到好工作。"这也是十年来我们在思考和实践中孜孜以求的目标。

　　社会的变革日新月异，但是教育是有方向的，方向正确尤为重要。6～8岁的孩子正是价值观形成的关键时期，如何使孩子对价值观有所理解并产生强烈的感情，家庭和家长是其中非常重要的影响因素。感谢中国环境出版集团的支持和指导，鼓励我们将实践成果与更多的人分享；感谢中国儿童中心的领导和同事们对我们的帮助，让我们有勇气将儿童生态道德教育活动的阶段性的成果与更多的同行和家庭交流；感谢全国校外教育的同行们为我们提供了实践的平台，以及不断完善活动的可行性。我们希望这些不成熟的活动能够对家庭幸福、亲子和谐有所帮助。每一个家庭幸福、每一个孩子有环境友好的意识，那么，我们未来的建设者和接班人也应该都成为有理性、有良知、有道德感、有理想、有追求、有生命激情、能够不断成长的人，这是我们的初衷，也是我们一直追求的目标。

朱晓宇

2020.3.20

54

CEME 儿童生态道德教育

家·在一起

环境友好的简约生活

亲子活动

户外篇

朱晓宇　王　兰／编著

JIA · ZAIYIQI

Huanjing Youhao de Jianyue

Shenghuo Qinzi Huodong

中国环境出版集团·北京

图书在版编目（CIP）数据

家·在一起 : 环境友好的简约生活亲子活动. 2, 户
外篇 / 朱晓宇，王兰编著. -- 北京 : 中国环境出版
集团，2020.8
　ISBN 978-7-5111-4329-7

　Ⅰ. ①家… Ⅱ. ①朱… ②王… Ⅲ. ①生态环境保
护—儿童读物 Ⅳ. ①X171.4-49

中国版本图书馆CIP数据核字(2020)第059666号

出　版　人　武德凯
责任编辑　殷玉婷
责任校对　任　丽
装帧设计　宋　瑞

出版发行　**中国环境出版集团**
　　　　　（100062　北京市东城区广渠门内大街16号）
　　　　　网　　　址：http://www.cesp.com.cn
　　　　　电子邮箱：bjgl@cesp.com.cn
　　　　　联系电话：010-67112765（编辑管理部）
　　　　　发行热线：010-67125803，010-67113405（传真）
　　　　　印装质量热线：010-67113404
印　　刷　北京中科印刷有限公司
经　　销　各地新华书店
版　　次　2020年8月第1版
印　　次　2020年8月第1次印刷
开　　本　787×960　1/16
印　　张　4
字　　数　30千字
定　　价　50.00元（全2册）

中国环境出版集团郑重承诺：
中国环境出版集团合作的印刷单位、材料单位均具有中国环境标志产品认证；
中国环境出版集团所有图书"禁塑"。

编者的话

　　家是什么？家是父慈子孝的温馨，是儿孙绕膝的幸福，是同舟共济的依靠……家，更是代代传承，育儿有成的希冀。对儿童来说，在家中和家人在一起，是他们最主要的成长环境，家长育儿理念的优化和家庭生活方式的建构对教育儿童具有特别重要的价值和意义。

　　无论过去、现在还是将来，绝大多数人都生活在家庭之中。"环境友好"要从娃娃抓起；"简约生活"更应成为全家人的共识。《关于构建现代环境治理体系的指导意见》指出，要提高公民环保素养，推进环境保护宣传教育进学校、进家庭、进社区；要研发推广环境文化产品；要践行绿色生活方式，倡导绿色出行、绿色消费。健全环境治理全民行动体系建设，离不开每个家庭的参与。贯彻落实《居民生态环境与健康素养提升行动方案（2020—2022年）》，重视少年儿童绿色健康生活方式的养成，推进传播普及知识、行为和技能的同时，引导他们牢固树立保护生态环境、维护健康的理念。

　　本书活动的主要对象是6～8岁的儿童及其家庭。这个阶段的儿童已经进入小学，这是他们社会化的重要开端。从这个阶段开始，儿童的思维能力有所发展，逻辑分析能力、空间认知能力、语言表达能力、想象力和常识储备不断增强，这些进步为他们开展观察、记录、讨论、思考和行动提供了可能。家庭是儿童最好的学习场所，在这个阶段通过亲子活动来建构绿色健康的生活方式，将会使孩子受益终身。环境友好的简约生活方式是人类可持续发展的重要基础，本书从这个角度切入，指导家长在家庭场景中开展有趣有益的活动；支持儿童和家长一起探究协作，提供多元的建议；引导亲子基于不同的家庭环境进行探究和思考。

本书分为上下两册，上册为"室内篇"，下册为"户外篇"。

本册分为三个部分，第一部分为"我的体验"，旨在依托家庭引导儿童建立和自然的初步连接，通过四个活动帮助儿童打开多重感官，在体验中亲近自然；第二部分为"我的发现"，旨在鼓励儿童在游戏中关注日常、关注自然，探索身边自然中的细节，帮助儿童在生活中树立热爱自然、保护自然的意识；第三部分为"我的行动"，旨在通过对自然的专题观察和探究，引导儿童理解、认同和践行生态环保理念。

本册所分享的户外亲子活动，基于"环境友好 简约生活"理念设计，注重教育理念的传递和活动方法的解读，具有以下特点：一是简单好玩易上手，并具有较强的拓展性。活动常玩常新，陪伴儿童成长，收获一份独特的童年记忆。二是不依赖活动材料。减轻家长负担，省去五花八门的活动材料和步骤流程，鼓励儿童和家长用视觉、听觉、触觉、味觉等多重感官与环境交流。三是活动场所日常化。儿童和家长不必专门跑到郊外或景区，而是充分利用"身边的自然"和一些"碎片时间"，打造有趣有益的绿色亲子体验，让儿童和家长随时随地都可以进行亲子互动，让自然融入生活，在每一天陪伴儿童成长。

中国儿童中心于 2009 年面向全国发起"全国少年儿童生态道德教育项目"，关注"儿童与自然"的关系，以生态主题教育活动为载体，促进儿童全面健康发展，倡导可持续发展的生活价值。朱晓宇、王兰两位作者为该项目的执行负责人，长期从事儿童生态道德教育活动实践与研究，本书也是该项目理念与方法在家庭中支持儿童、服务家长的一次探索。

得到精心培育的生命才会茁壮成长，让我们从日常家庭生活中与儿童的有趣活动开始，在家中和儿童一起享受成长的快乐，将他们培养成为有情趣、有情怀、有情谊的新时代建设者和接班人。

家·在一起

小朋友

性别：

姓名：

城市：

生日：

爱好：

环境友好宣言：

小朋友

性别：

姓名：

城市：

生日：

爱好：

环境友好宣言：

家·在一起

大朋友

姓名：

生日：

爱好：

性别：

城市：

环境友好宣言：

大朋友

姓名：

生日：

爱好：

性别：

城市：

环境友好宣言：

安全提示

开展活动前，您需要关注：

　　户外亲子活动，应在确认环境安全适宜的前提下开展。如遇极端或突发天气情况，应减少或取消活动。

❶ 降温：注意防寒保暖，最好选择中午或下午出行，并合理使用围巾、帽子、手套、厚衣物等。

❷ 晴热：注意防晒、补水、预防中暑，选择早晚出行，并合理使用遮阳伞、遮阳帽、防晒霜、扇子、水壶、常备药品等。

❸ 下雨：携带雨具并注意防汛安全，远离山区，不在树下躲雨，驾车避开积水路段。

❹ 降雪：注意防寒保暖，小心路面湿滑，戴好手套、帽子、墨镜等防护物品。

除天气情况外，在户外环境中活动还有一些必须注意的方面：

❶ 安全：家长应选择熟悉的户外环境展开活动，并提前确认地面、车辆、树木、人流量等条件是否适宜。活动中，家长应密切关注儿童的状态，做好安全防护。

❷ 蚊虫：植物茂盛的地方请注意预防蚊虫叮咬，合理使用防蚊液、驱蚊手环、蚊香、清凉油等。

❸ 衣物：儿童应穿着便于活动的衣服、运动鞋，戴好帽子，如果穿凉鞋的话不要露脚趾、女孩尽量穿裤装。

❹ 卫生：重视手卫生，随身携带并合理使用消毒纸巾、免洗洗手液等用品，提醒儿童及时洗手擦手、不用手摸脸部等。

目 录

我的体验

01

创意照相机

人们通常容易对身边的事物习以为常，对自然也是如此。例如，每天经过的小树林，抬头可见的天空，都很难吸引我们的注意。但是，如果加上点创意，换一双"眼睛"，我们就能在普通的每一天里领略到自然的精彩和美好。

目标

引导儿童关注自然，享受自然带来的美好和乐趣，建立和自然的情感连接。

工具

相框、硬卡纸、剪刀、彩笔、其他创意物品、手机（拍照用）。

时长

随时随地，时长不限。

说明

❶ 熟悉取景框：找出家中的旧相框，带上它，和家人一起出门。

将相框作为取景器，框一框熟悉的景物，会看到不一样的精彩！

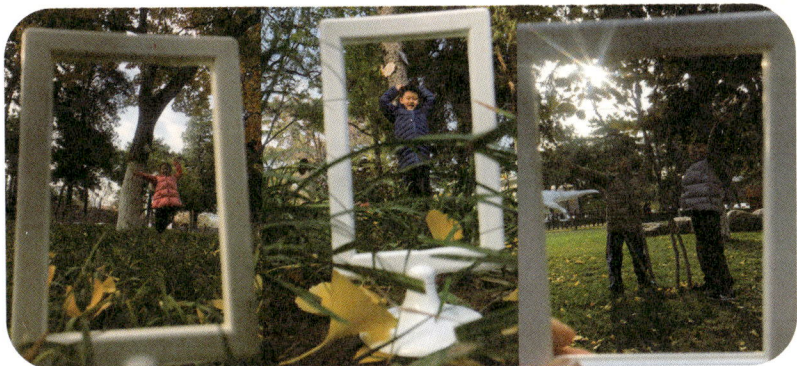

❷ 自制取景框：用双手模仿相框，比出一个长方形框当作取景框，随着身体的移动，"框出"属于自己的景致。

❸ 人体照相机：a. 儿童和家长一人扮演相机，一人扮演摄影师。扮演相机者的眼睛代表镜头，耳朵代表快门按钮。b. 摄影师站在相机后方。由摄影师按着相机的肩膀作指引，二人一起四处取景。c. 在按下快门拍照前，相机的镜头（眼睛）都是闭着的。当摄影师按下快门（耳朵）时，相机的眼睛迅速打开一秒钟并闭上，以此类推。d. 二人交换角色，继续游戏。

拓展

❶ 用硬卡纸（废纸箱）做成异形的相框，并进行装饰，会得到意想不到的效果。

❷ 用不同相框或方法观察同一

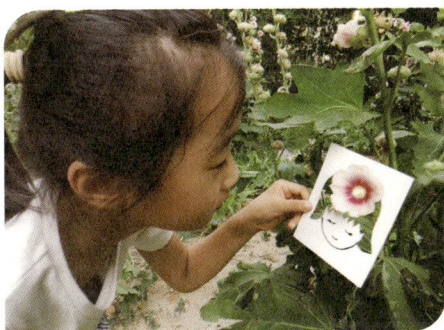

我的自然日志

_____ 年 _____ 月 _____ 日，我和 _____ 一起，在 _____ 玩"创意照相机"游戏。

我看/听/摸/闻/想到了：_____。

我的作品是：_____。

玩耍时我最开心的是：_____。

我的自然伙伴是：_____。

画下精彩瞬间：

个景物，或者用同一个相框或方法观察不同的景物。家长和儿童由于身高、视角的不同，取景的效果也不相同。

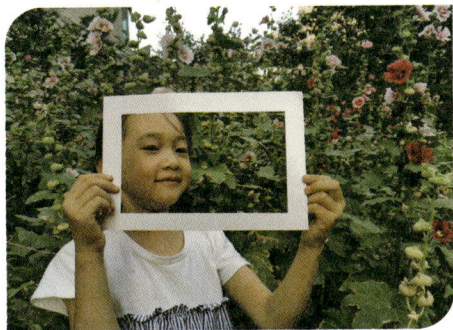

成果

❶ 创意影集：在取景的同时拍照。将照片汇总，做成美篇或影像日志，分享给亲朋好友。

❷ 自制贺卡：自制相框取景，将相片冲印后，放入相框中，制成卡片，作为礼物送给亲友。

纪念证书

_____：

　　你和你的家庭已完成"创意照相机"亲子活动，获得"美景玩家"徽章。环境友好，简约生活，赞美自然，一起行动！

美景玩家

年　　月　　日

02

我的大树朋友

小区、道路、公园、郊外，生活中到处都可以见到各种树木。树木除了给人们带来阴凉、美景和果实之外，还有着净化空气、调节温度的作用。它们也是孩子们的好朋友，是引导孩子们感受自然的好向导。

目标

引导儿童关注身边的自然，通过和大树建立情感连接，启发儿童对自然的关注和兴趣。

工具

纸、剪刀、彩笔、铅笔或蜡笔、手机（拍照、查询信息用）。

时长

随时随地，时长不限。

说明

❶ 抱抱我的朋友：每天上学、放学路过的那些树，你有没有仔细地看过它们？家长和儿童各选择一棵树，作为自己的朋友。轻轻

地抱一抱你的大树朋友，并在每次路过的时候跟它打个招呼。

❷ 大树的表情：想知道大树朋友今天的心情如何吗？想象一下大树朋友的年龄、性别、爱好，给它们画上表情。眼睛是心灵的窗户，不同的眼睛表达了大树朋友不同的情绪。

❸ 树皮密码：a. 看一看。看看树皮的颜色、花纹，这是它们的专属标记。儿童和家长一起，用语言描述这些颜色和花纹，看谁说的更准确、更有趣。b. 摸一摸。用手触摸不同树的树皮，感受它们的独特质感。有的树皮可能会有油脂分泌或虫子，请家长关注儿童的安全。c. 闻一闻。树皮不但有纹理，还可能有气味。家长可以与儿童分享自己的生活经验，拓展儿童的视野。d. 画一画。把白纸铺在树皮上，用铅笔或蜡笔拓印，就会得到一幅"树皮画"。e. 扫一扫。家长协助儿童，使用植物识别软件（形色、花伴侣等）扫描树皮，查询大树的相关信息，使儿童加深对大树朋友的了解。

我的自然日志

_____年_____月____日，我和_____一起，

在_____玩"我的大树朋友"游戏。

我看/听/摸/闻/想到了：_____。

我的作品是：_____。

玩耍时我最开心的是：_____。

我的自然伙伴是：_____。

画下精彩瞬间：

拓展

❶ 把一片树林想象成一个家族或者一个故事里的人物，给它们安排角色、画表情，并一起编故事。

❷ 在不同的季节和时间，和同一个大树朋友玩耍，用照片和视频记录并编排起来。

成果

❶ 纪录片《孩子与大树》：选定一位大树朋友，和它做游戏并记录互动的过程，将这些照片和视频编辑成短片，分享给亲友。

❷ 树皮海报：拓印 20 种树皮，将拓印画平铺连接起来，就得到一幅独一无二的树皮海报。

纪念证书

_____：

你和你的家庭已完成"我的大树朋友"亲子活动，获得"植物伙伴"徽章。环境友好，简约生活，关爱植物，一起行动！

植物伙伴

年　月　日

03

大地舞台

　　路边的小草长高了一些，树下有一块石头，树叶的颜色变了……这些细微且平常的自然场景，都是引导儿童体验和观察的好机会。自然是剧场，大地是舞台，儿童既是导演、演员，也是观众。他们会发挥奇思妙想的设计，会沉浸其中表演，会用心感受与自然伙伴的互动。

目标

　　引导儿童感受具体的自然，对微小的自然物予以尊重和关注，体会自然的丰富和独特。

工具

　　白纸、布（纯色）、塑料袋（或购物袋、其他容器）、手机（拍照用）。

时长

　　时间不限，以完成一件作品为宜。

说明

❶ 一起发现：根据季节和自然物的分布情况，家长和儿童一起选

定互动区域，并做好安全教育。在活动区域内，去寻找和发现有意思的自然物，可以是一片树叶、一朵花、一根羽毛、一根树枝、一粒种子或一块小石头。家长可以先分享自己的发现，以引起儿童的兴趣。

❷ 一起收集：将捡到的自然物装在塑料袋或其他容器中。家长注意观察儿童收集到的物品，并引导儿童观察：收集到了多少种？都有什么颜色？为什么收集这些物品？

❸ 一起创造：将布平铺好，家长和儿童分别把捡拾到的自然物一件件摆放在布上，并进行交流分享：两个人捡到的东西中有哪些相同？哪些不同？谁捡到了最特别的叶子／石头／花／树枝？是在哪里捡到的？看一看大家的"收获"，是不是可以构成一幅图画？以白纸为衬底，以自然物为材料，拼拼画画，创意无限。

拓展

❶ 更换衬底，获得更多乐趣，例如用杂志海报、盘子、儿童的画作等当作衬底，添加自然物进行创作。

我的自然日志

_____年_____月_____日,我和_____一起,

在_____玩"大地舞台"游戏。

我看/听/摸/闻/想到了:_____。

我的作品是:_____

玩耍时我最开心的是:_____。

我的自然伙伴是:_____。

画下精彩瞬间:

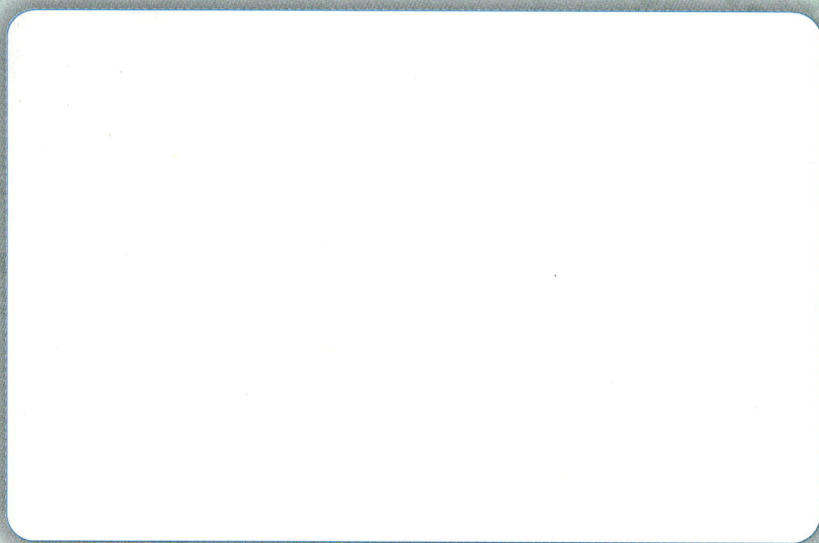

❷ 带着主题去收集。家长和儿童商量好创意制作的主题或用途，例如给老师做张贺卡、给客厅做幅装饰画等，构思好画面或带着草稿去收集自然物，以呈现更加完整的作品。

成果

❶ 专属"自然博物馆"：编辑好自然物的信息，如捡拾的时间、地点、原因等，并分类保存好。积累到一定数量后，就可以做一次专属自然博物展啦。

❷ 我家的"季节角"：在家中选定一个角落或小桌，作为"季节角"。儿童和家长用当季收集的自然物来布置装饰"季节角"，关注季节变化，体会自然之美。

纪念证书

_____：

你和你的家庭已完成"大地舞台"亲子活动，获得"探美自然"徽章。环境友好，简约生活，探美自然，一起行动！

探美自然

年　月　日

04

手舞足蹈

孩子们活泼好动，小手和小脚丫一刻都停不下来。通过触摸感受自然物的温度、形状、质地及各种变化，让孩子们来感知这个世界。这样的体验，有利于激发儿童的思考和想象，鼓励他们尝试和探索。"纸上得来终觉浅"，用说教的方式与儿童沟通，不如去户外和他们一起玩耍吧！

目标

引导儿童用触觉感受自然，释放天性。

工具

塑料凉鞋（或雨鞋）、毛巾、换洗衣物、手机（拍照用）。

时长

随时随地，不限时长。

说明

❶ 和脚丫玩儿：与平时居家洗澡、洗脚时的水不同，自然中的水流动性好、水量大，会给小脚丫带来特别的触感。家长应先咨询

该地管理人员是否允许触碰水体，并确认周边环境安全适宜。a. 家长和儿童一起站在水中，体会水的流动，分享穿鞋和光脚时的不同感受。b. 鼓励儿童抬起脚踩一踩水花，蹚一蹚水。c. 雨后的泥巴地好像一张白纸，等着儿童去涂鸦。踩泥巴会有滑滑腻腻的感觉，令人愉悦而兴奋。d. 去海边旅行的时候，一定要给沙滩留出足够的时间，让脚丫感受浪花，用脚印拼出图画。

❷ 和手玩儿：用手触摸自然物后，请家长及时指导儿童清洁手部，做好手卫生管理。a. 家长和儿童一起摸一摸户外的水、土、石头等自然物，并分享感受。自然物季节、位置、种类的不同都会给人带来别样的感受。b. 家长和儿童约定一个专属手势，在户外活动的时候做出这个手势并拍照留念。

我的自然日志

_____ 年 _____ 月 _____ 日，我和 _____ 一起，

在 _____ 玩"手舞足蹈"游戏。

我看/听/摸/闻/想到了：_____。

我的作品是：_____。

玩耍时我最开心的是：_____。

我的自然伙伴是：_____。

画下精彩瞬间：

拓展

❶ 可以躺在不同的地面上，如沙滩、石板、雪地、石子地面等，打开全身感官，感受自然带来的信息。

❷ 在不同的季节触摸同一种自然物，或在同一个季节触摸不同的自然物，在感受中比较，在比较中发现。

成果

我的印记：游戏后，在白纸上印下手印或脚印，并做好记录。将每一次的记录收集在一起，做一本成长册——《我的印记》。

纪念证书

_____：

你和你的家庭已完成"手舞足蹈"亲子活动，获得"感官精灵"徽章。环境友好，简约生活，五感并用，一起行动！

感官精灵

年　月　日

我的发现

05

秘密基地

　　儿童的活动范围，随他们年龄增长而逐渐扩展，但总有一些地方是属于他们的"秘密基地"，一直陪伴着他们成长。年复一年，寒暑交替，儿童渐渐长大，在不同的季节、天气和心情中，"秘密基地"是否也有了变化？

目标

　　引导儿童关注身边细节、感受自然变化，培养儿童热爱生活、热爱自然的美好情感。

工具

　　手机（拍照用），无其他特定工具。

时长

　　随时随地，不限时长。

说明

　　❶ 选一选：儿童上学、放学的必经之路，小区里的小树林，最爱去的小公园，这些地方和他们的生活密切相关，都可以成为他

们的"秘密基地"。家长引导儿童聊一聊这些常去的地方，请儿童分享他们感兴趣的内容，选一个"秘密基地"。"秘密基地"里的大树、草坪、池塘、宣传栏、亭子、长凳、小动物，都可能是儿童的重要伙伴。

❷ 拍一拍：家长和儿童互相提醒，在路过或去往"秘密基地"时，用手机（或相机）做记录，在不同时间、不同季节、不同天气、不同位置进行拍摄。家长启发儿童观察比较这些照片，引导儿童发现和理解自然的变化。

❸ 玩一玩：每次去"秘密基地"的时候，家长鼓励儿童体验相同的活动，或观察相同的对象，并引导儿童感受自己的成长和环境的变化。例如，儿童会发现，树林颜色随季节变化而变化；流浪猫又多了几只；新添了好看的指示牌；因自己长高了，会觉得长凳和亭子越变越小、林间小径越来越短……这些都是儿童成长的印记。

我的自然日志

_____年_____月_____日，我和_____一起，

在_____玩"秘密基地"游戏。

我看/听/摸/闻/想到了：_____。

我的作品是：_____。

玩耍时我最开心的是：_____。

我的自然伙伴是：_____。

画下精彩瞬间：

拓展

❶ 根据儿童的兴趣特长，可结合写生绘画、肢体表达、唱歌等方式，让"秘密基地"更加独特。

❷ 发挥儿童的想象力，给"秘密基地"设定具体的主题，如"太空堡垒""汽车工厂""魔幻世界"等。

成果

❶ 成长日志：收集整理照片，贴在本子上，并标注日期、年龄以及当时的心情。

❷ "探秘派对"：绘制"秘密基地"地图和邀请卡片，约定好时间、地点和游戏内容，邀请小伙伴开一场"探秘派对"，并鼓励大家轮流分享自己的"秘密基地"。

纪念证书

＿＿＿＿＿＿＿＿＿＿：

你和你的家庭已完成"秘密基地"亲子活动，获得"心系自然"徽章。环境友好，简约生活，心系自然，一起行动！

心系自然

年　月　日

06

影子游戏

所谓"如影随形"，影子是我们最"贴身"的伙伴。观察影子，是儿童自然和科学启蒙的好方法。和影子做游戏，可以激发儿童想象力，鼓励儿童多多运动，创造亲子互动的良好氛围。

目标

引导儿童观察光影运动变化，关注自然现象，激发对自然和科学的好奇。

工具

手机（拍照用），无其他特定工具。

时长

随时随地，不限时长，需注意影子和时间的关系。

说明

❶ 遮一遮：雨伞、树叶、树冠、门廊，为我们挡住阳光，营造一片阴凉。在夏季，家长引导儿童尽量在阴凉处活动；在冬季，则引导儿童多晒太阳，感受温暖。儿童感受影子带来的温度和光线变

化，也能达到培养生活习惯、学习生活常识的效果。

❷ 照一照：家长和儿童在阳光下照出影子，一起观察看看影子和本人有什么不同。早上、中午、下午，每个时段的影子各有特色，家长和儿童一起发现并记录这些特点。

❸ 动一动：用手触摸自然物后，请家长及时指导儿童清洁手部，做好手卫生管理。a. 踩影子。家长和儿童一起玩"踩影子"游戏，追着对方的影子踩并努力躲开对方的追击，在跑动躲闪的同时观察影子的变化。b. 摆造型。如同手影游戏一样，家长

我的自然日志

_____年_____月_____日，我和_____一起，

在_____玩"影子游戏"。

我看/听/摸/闻/想到了：_____。

我的作品是：_____。

玩耍时我最开心的是：_____。

我的自然伙伴是：_____。

画下精彩瞬间：

和儿童一起用身体动作的变化创造出有趣的影子。

拓展

❶ 手持帽子、木棍、球拍等物品，照出创意十足的影子。

❷ 家长和儿童一起查阅资料后，自制简易日晷。

成果

影子操或影子舞：根据影子的形态编排一套体操或者一段舞蹈，表演给亲朋好友看。

纪念证书

_____ ：

你和你的家庭已完成"影子游戏"亲子活动，获得"光影捕手"徽章。环境友好，简约生活，玩转光影，一起行动！

光影捕手

年　月　日

07

放大的世界

平时看惯了的景物，在放大镜的帮助下，会变成奇妙的世界：小小的叶子有复杂的纹路，虫子的触角和腿清晰可见，光滑的果实表面有斑斑点点……放大镜激发了儿童的好奇心，让自然观察变得生动有趣，也是儿童体验科学观察的起点。

目标

利用放大镜培养儿童自然观察的习惯和能力。

工具

放大镜（手持或筒状）、手机（拍照用）。

时长

随时随地，不限时长。

说明

❶ 选择放大镜：放大镜有多种款式。儿童刚开始接触放大镜时，家长可以选择玩具款，或放大倍数在 10 倍以内的，这样

更加安全。待儿童熟悉放大镜的效果和原理后，可以使用倍数更高的放大镜进行观察。

❷ 玩转放大镜：家长在把放大镜交给儿童之前，应向儿童进行充分的讲解和提醒，说明放大镜的合理使用方法，不得用放大镜去看太阳或其他强光源。除观察植物叶片、花瓣外，还可以观察树皮、草籽、石头。家长引导儿童，将眼睛所见和放大镜里的景象做对比，并分享二者的不同。

拓展

❶ 使用筒状放大镜时，可以将手机镜头贴在放大镜上，拍下特别的照片。

我的自然日志

_____年_____月_____日，我和_____一起，
在_____玩"放大的世界"游戏。

我看/听/摸/闻/想到了：_____。

我的作品是：_____。

玩耍时我最开心的是：_____。

我的自然伙伴是：_____。

画下精彩瞬间：

❷ 如儿童对放大效果很感兴趣，家长可提供玩具款显微镜，鼓励儿童继续探索。

成果

❶ "对对碰"桌游：将自然物（10 种以上）原样和放大后的图像分别拍照，并冲洗或打印、塑封，制成卡牌。随机抽取一张卡牌，看一看是原样图还是放大图，并找出与之匹配的另一张。还可以随时补充卡牌数量以提高难度。

❷ 自然笔记：先画出动植物的总体外形，再利用放大镜观察动植物细节并绘制细节图。

纪 念 证 书

_____:

你和你的家庭已完成"放大的世界"亲子活动，获得"见微知著"徽章。环境友好，简约生活，感受微观，一起行动！

见微知著

年　月　日

08

主角出镜

玩具和儿童朝夕相处，是儿童成长过程中的重要伙伴。带着玩具去户外，是鼓励儿童走出家门、接触自然的好方法。玩耍的场景由桌上、床上、沙发上变成了草地、石板、树林。环境的变化会激发儿童的好奇心和创造力。让玩具成为户外活动的"主角"，一起玩耍吧！

目标

通过玩具伙伴引导儿童喜爱户外、关注自然，并在玩玩具的同时观察自然、认识自然。

工具

玩具（以塑料制品、木制品为宜）、手机（拍照用）。

时长

随时随地，不限时长。

说明

❶ 安全第一：带到户外的玩具以塑料制品、木制品为宜。毛绒

和布制玩具易脏不好清理，纸质和陶瓷玩具易破损，这几类玩具不适合带到户外玩耍，家长应向儿童耐心解释清楚。回家后，请家长做好玩具的清洁和消毒。

❷ 摆一摆：家长鼓励儿童带上玩具伙伴出门，引导儿童，从关注玩具到关注环境，培养儿童对自然的兴趣。

❸ 动一动：选择人物公仔类的玩具，在不同的自然环境中摆弄造型，创编故事。家长在一旁对自然环境进行解读，并及时引导儿童发散思考。

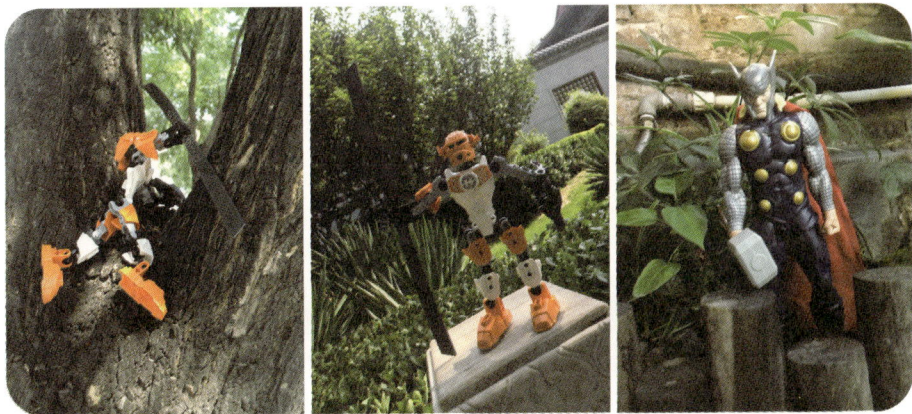

我的自然日志

_____年_____月_____日，我和_____一起，

在_____玩"主角出镜"游戏。

我看/听/摸/闻/想到了：_____。

我的作品是：_____。

玩耍时我最开心的是：_____。

我的自然伙伴是：_____。

画下精彩瞬间：

拓展

❶ 带着同一个玩具外出，在不同的环境中玩耍，家长与儿童共同创编系列故事，并将故事写下来或画出来。

❷ 利用自然物搭建场景，增强游戏的故事性。

成果

❶ 我的"小花园"：准备童趣十足的花盆和儿童喜欢的小摆件，种好植物、摆上摆件后，请儿童负责日常照料。

❷ 定格动画：把环境特点、自然物特性与玩具相结合，构思成故事，并拍下每一张图片，再用定格动画软件制作成动画小短片，分享给亲朋好友。

纪念证书

_____：

你和你的家庭已完成"主角出镜"亲子活动，获得"自然编剧"徽章。环境友好，简约生活，童说自然，一起行动！

自然编剧

年　月　日

我的行动

09

积木 DIY

　　积木是最经典的玩具之一。玩积木对儿童益处多多，可以培养动手能力，发展手眼协调能力和平衡能力，提高想象力和创造力。亲子一起发挥奇思妙想，把自然物或废旧物当成积木玩儿，在激发创造力的同时更加亲近自然。

目标

　　引导儿童在接触自然物的过程中感受自然、了解自然，在发挥创意利用废旧物的过程中培养他们的环保意识。

工具

　　自然物、废旧物、手机（拍照用）。

时长

　　随时随地，不限时长。

说明

　　❶ 自然积木：自然中的石头、树叶、树枝形态各异、各不相同，不像买来的积

木那般规整。这种不规整，正是激发儿童兴趣和想象的关键。家长鼓励儿童一起收集一些自然物，如石头，将收集的石头垒在一起，引导儿童发现石头与积木的相似点，并让儿童把石头当作积木，想一想有哪些新的玩法。

❷ 自制积木：捡拾一些废树枝、木块用来自制积木。家长和儿童一起设计和讨论，问一问儿童想要什么样的积木，看一看手里的材料是否适合，并确定最后的制作方案。家长鼓励儿童用绘图和语言表达出自己的想法。家长一边处理材料，一边给儿童讲解锯开、削平或钻洞等所需工具和方法。一起讨论进一步加工的步骤，如打磨、上色、连接、固定等。家长和儿童一起边讨论边实施，引导儿童提出自己的建议，发现建议和成果之间的关系。双方都认为制作完成后，一起玩这套专属积木。

❸ 废旧物焕新：旧包装盒、边角料等，都可以当作积木来玩耍。对于玩惯了常见积木的儿童来说，把这些形状、质地、大小不同的材料当作积木进行搭建，更能激发创造力和想象力。家长需关注材料和场地的安全，并及时提醒儿童。

我的自然日志

_____ 年 _____ 月 _____ 日，我和 _____ 一起，

在 _____ 玩"积木DIY"游戏。

我看/听/摸/闻/想到了：_____。

我的作品是：_____。

玩耍时我最开心的是：_____。

我的自然伙伴是：_____。

画下精彩瞬间：

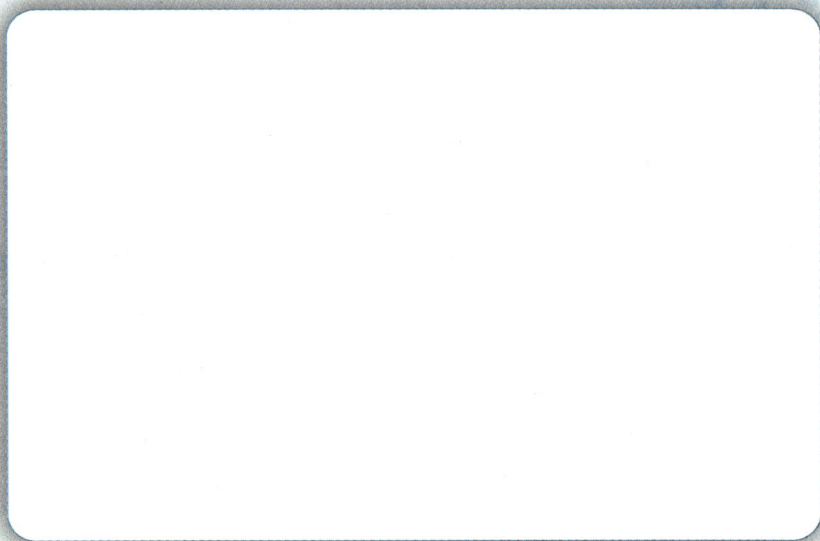

拓展

❶ 在搭建积木的过程中找到自己喜欢的造型，通过胶粘、钉钉子等方式把它们连接固定，做成摆件。

❷ 果实、种子也可以当作积木来玩耍。

成果

❶ 文创礼盒：设计一套积木，收集好自然物，并画出玩法图纸，装在盒子里作为礼物送给好朋友。

❷ "积木派对"：小伙伴们分别打造自己的积木，分享各自的创意后，将所有的积木汇聚在一起，成为一套积木，并一起搭建玩耍。

纪念证书

_____：

你和你的家庭已完成"积木DIY"亲子活动，获得"绿色文创"徽章。环境友好，简约生活，创意无限，一起行动！

绿色文创

年　月　日

10

虫虫你好

人们见到虫子的第一反应，往往是害怕、躲避或追打。实际上，我们和昆虫生活在共同的环境中，有很多很多的昆虫是我们的朋友而不是敌人。昆虫是儿童日常生活中较易接触到的动物，对于从小培养儿童亲近自然、关爱动物有着重要的作用。

目标

培养儿童观察自然的习惯和能力，引导儿童科学认识人与昆虫的关系。

工具

手机（拍照用），无其他特定工具。

时长

随时随地，不限时长。

说明

❶ 我看虫虫：在户外，虫虫们常常不期而至，来到我们的身边。在发现虫虫后，家长应先为儿童作出示范，不要尖叫、躲闪、拍打，

应以平和的语气提示儿童（如"快看，这里有个小精灵！"），为儿童营造轻松安全的心理环境。待儿童看到虫虫后，鼓励儿童走近观察，并与大家分享昆虫在外形、颜色、大小等方面的特征。

❷ 虫虫找我：有时候，虫虫会突然落在我们身上、手上、书包上，来一次亲密接触。家长不要过度紧张，用正常的语气表达出好奇和兴奋，以带动儿童的良好情绪。家长适时引导儿童尊重生命，昆虫和我们一样都是自然当中的一分子。

拓展

❶ 亲子阅读自然百科图书，去自然博物馆参观，观看昆虫类纪录片，为儿童亲近虫虫、热爱自然创造良好条件。

❷ 准备昆虫收集盒、观察器、捕虫网等装备（购买或自制均可）。

我的自然日志

_____年_____月_____日，我和_____一起，

在_____ 玩"虫虫你好"游戏。

我看/听/摸/闻/想到了：_____。

我的作品是：_____。

玩耍时我最开心的是：_____。

我的自然伙伴是：_____。

画下精彩瞬间：

成果

❶ 虫虫打卡：每一次遇到虫虫，除观察它们的特征外，还要记录观察的日期、天气、地点等信息，汇集起来做成观察记录收藏。

❷ 自然笔记：观察的同时，可以给虫虫拍照，并查阅相关资料，绘制自然笔记。

纪念证书

_____：

你和你的家庭已完成"虫虫你好"亲子活动，获得"动物伙伴"徽章。环境友好，简约生活，关爱动物，一起行动！

动物伙伴

年　月　日

11

小区生态地图

无论是纸质还是软件，地图都是我们生活中的必备品和好帮手。车站、商场、医院、公园，这些地方都清清楚楚地标记在地图上。地图软件还具有线路规划、实时导航、出行建议等功能，是我们了解身边环境的"大管家"。我们的生活不仅有马路和楼宇，还有树木花草、鱼虾虫鸟所组成的自然环境。一起去探索身边的自然，为你所居住的小区做一幅生态地图吧。

目标

引导儿童熟悉自己的生活环境，关注身边的自然物，培养与自然和谐相处的意识。

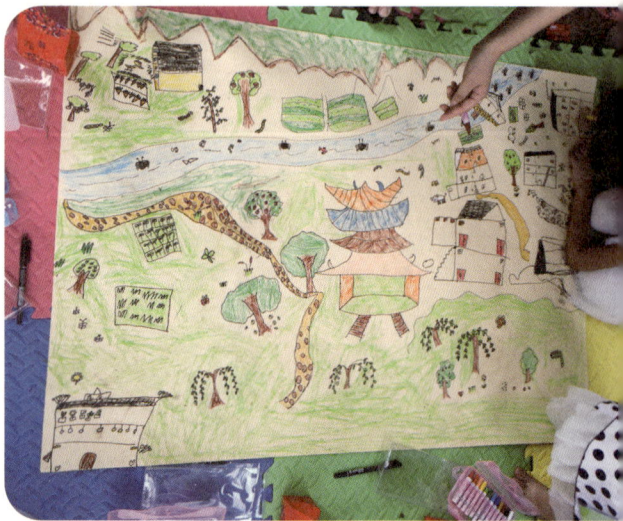

工具

地图 App、白纸、笔。

时长

随时随地，不限时长。

说明

❶ 我的小区：你真的熟悉和了解自己居住的小区吗？在走访摸查中大胆说出肯定的答案吧。

和儿童共同确认好游戏区域，可以先选择小一点的范围（如包括自己家在内的前后共三栋楼），再逐渐扩大到整个小区、街道，乃至区县，在地图 App 上找到对应的位置和边界。可以打开地图 App，根据定位了解自己的位置，也可以运用记录运动轨迹的软件来记录行进的路线，并熟悉小区内的建筑物和各种设施。尽量完整走过区域内的所有角落，参考地图 App，手绘一份小区地图，可以把最常走的路线、最常去的超市等做上标记，并给出一些出行建议、购买推荐等，做成自己专属的小区生活地图。

❷ 我的生态小区：嗨，有时间吗？我们一起在小区里散步吧！同时探索小区里的自然物，慢慢添加、补充到自己绘制的小区地图中。

小区里除了水泥路面和砖地外，哪里有土地？哪里长着树或草？哪里有土堆、石子路或花坛？如果你想多结识一些自然朋友，也可以用植物识别软件看看小区里都有什么树，地里开了什么花？对于动物们，你在哪里见过鸟和鸟窝或听到过鸟鸣？在哪里见过流浪猫的身影或痕迹？在哪里找到过虫子……把你和自然的每一次相

我的自然日志

_____年_____月_____日，我和_____一起，
在_____玩"小区生态地图"游戏。

我看/听/摸/闻/想到了：_____。

我的作品是：_____。

玩耍时我最开心的是：_____。

我的自然伙伴是：_____。

画下精彩瞬间：

遇都标记在小区地图上，慢慢形成一份小区生态地图。

拓展

❶ 在不同的季节重复这一游戏，通过观察自然物的变化，比较、感受四季的流转。

❷ 去外地旅行或郊区游玩，都可以做一份景点或乡村生态地图。

成果

❶ 小区生活地图：根据自己的生活习惯和体验，结合对小区的走访调查，做一份小区生活地图，以地图的形式把儿童生活所需要的设施、服务都体现出来。

❷ 小区生态地图：将小区里的花草树木、鸟窝、猫窝等都标记在地图上，复印并发放给邻居，倡导大家一起爱护自然。

纪 念 证 书

_____ :

　　你和你的家庭已完成"小区生态地图"亲子活动，获得"生态守护者"徽章。环境友好，简约生活，守护生态，一起行动！

生态守护者

年　月　日

12

夜游小区

大多数儿童会怕黑，不喜欢夜晚。玩一次夜游活动，或许能帮助他们增加对夜晚的了解，从而减轻对黑夜的恐惧。天黑之后，全家一起出门转转，找个安静的角落，慢慢放松、倾听并观察，你会发现很多白天注意不到、独属于夜晚的美妙。

目标

引导儿童接纳夜晚、接纳自然现象，培养儿童的观察力和想象力。

工具

白纸、笔、防潮坐垫、手电筒。

时长

随时随地，不限时长。

说明

❶ 星月影：提到夜晚，最容易联想到的就是高挂夜空的月亮和闪闪发亮的星星。由于空气污染和灯光密布的原因，城市中的星空并非每日可见，故可以选择晴朗的夜晚活动。a. 仰望星空：家长和

儿童一起在小区内散步，找到最远离灯光的地方，手拉手闭起眼睛，感觉自己适应了黑暗且放松后，睁开眼睛仰望天空。家长问一问儿童：你看到星星了吗？它是什么颜色的？它在闪烁吗？ b.月亮日记：听过月亮的传说，读过赏月的诗句，亲眼看见月亮的阴晴圆缺变化又是另一种体验。试着像古人一样用眼睛观测月亮，记录它变化的过程。今天的月亮是什么形状？有怎样的纹路？亮不亮？ c.柔和月影：月亮本身不发光，它通过反射太阳光给我们的夜晚带来光亮，而它形成的月影相比太阳会更加温柔。试着在夜晚玩一玩"影子游戏"，会有另一番感受哦。

❷ 夜声音：眼睛欣赏星月影的同时，还可以"大饱耳福"。风吹树叶的沙沙声、窸窸窣窣的虫鸣、流浪猫轻缓的叫声……组成了夜晚的交响乐。找一个干净、舒服的地方，铺一块垫子或干脆席地而坐，闭上眼睛享受吧。

❸ 夜探险：就像有人习惯早睡早起，有人总是晚睡晚起一样，自然中有很多专在夜间出来活动的动物——夜行动物。夜幕降临后，它们就登场啦。夜行动物的警惕性都比较高，寻找它们时尽量不发出声响，可以让耳朵带路。如果想打开手电筒一睹它们的真容，记得在手电筒上裹一层红布，这样射出的光不会惊吓到它们啦。

拓展

❶ 晴朗的夜晚当然是赏月观星的好时机，但多云或阴雨天也别有一番景象，看月光在云朵上形成的彩色光晕也是独特和难忘的享受。

❷ 除了夜行动物，一些植物也会在夜间"活动"，用鼻子去发现在夜晚盛开的花朵吧。

我的自然日志

_____年_____月_____日,我和_____一起,

在_____玩"夜游小区"游戏。

我看/听/摸/闻/想到了:_____。

我的作品是:_____。

玩耍时我最开心的是:_____。

我的自然伙伴是:_____。

画下精彩瞬间:

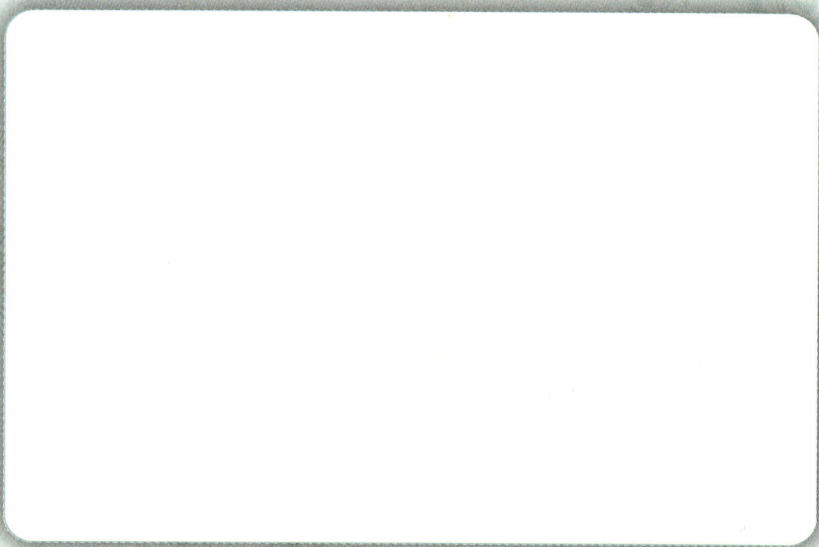

成果

❶ 月相记录：在连续 29 天里尽可能多地做"星月影"游戏，画下或拍下月亮的样子，收集在一起总结出月亮变化的规律。

❷ 我的星座图：如果能够发现和找到越来越多的星星，不妨画下来，并试着"设计"一个属于自己的星座。

❸ 夜的声与影：用手机录下独属于夜的声音，分享给伙伴们一同欣赏；如果你拍下了夜行动物的痕迹，找到了夜间绽放的花朵，也可以做成美篇或影像日志。

纪念证书

_____ ：

你和你的家庭已完成"夜游小区"亲子活动，获得"奇妙夜世界"徽章。环境友好，简约生活，夜访自然，一起行动！

精彩之夜

年　　月　　日

　　书稿全部发出去的时候，我不是松了一口气，而是内心充满忐忑。

　　是的，我们有着十年儿童生态道德教育实践和研究的经验积累，并且全国校内外的同路人也数不清有多少。但是，我们依然忐忑。曾经读到朱永新先生的一篇文章《教育的力量首先是让人成为人》，文中谈到"教育首先是让人幸福，帮助人获得幸福的能力，帮助人真正拥有内心的宁静，而不只是为了考高分、找到好工作。"这也是十年来我们在思考和实践中孜孜以求的目标。

　　社会的变革日新月异，但是教育是有方向的，方向正确尤为重要。6～8岁的孩子正是价值观形成的关键时期，如何使孩子对价值观有所理解并产生强烈的感情，家庭和家长是其中非常重要的影响因素。感谢中国环境出版集团的支持和指导，鼓励我们将实践成果与更多的人分享；感谢中国儿童中心的领导和同事们对我们的帮助，让我们有勇气将儿童生态道德教育活动的阶段性的成果与更多的同行和家庭交流；感谢全国校外教育的同行们为我们提供了实践的平台，以及不断完善活动的可行性；感谢为"户外篇"提供图片的王兰和李丁两位老师，有热爱自然、专注环境教育的你们才有了这些精彩画面的呈现；感谢出镜的张晨熙和吕安雅同学，你们把自然的美好和美妙带给了更多小伙伴。我们希望这些不成熟的活动能够对家庭幸福、亲子和谐有所帮助。每一个家庭幸福、每一个孩子有环境友好的意识，那么，我们未来的建设者和接班人也应该都成为有理性、有良知、有道德感、有理想、有追求、有生命激情、能够不断成长的人，这是我们的初衷，也是我们一直追求的目标。

朱晓宇

2020.3.20